AF467223

LA LITHIASE EN BOSNIE

CONSIDÉRÉE AU POINT DE VUE DE SES RAPPORTS
AVEC LES CONDITIONS GÉOLOGIQUES ET HYDROLOGIQUES
DU PAYS

PAR

Le Dr Jos. PREINDLSBERGER

MÉDECIN CHEF
DE LA DIVISION CHIRURGICALE DE L'HOPITAL
DE BOSNIE-HERZÉGOVINE A SARAJEVO
CONSEILLER DE SANTÉ
DÉLÉGUÉ DU GOUVERNEMENT POUR LA BOSNIE ET L'HERZÉGOVINE AU XIIIe CONGRÈS
INTERNATIONAL DE MÉDECINE, ETC., ETC.

PARIS
IMPRIMERIE DE LA COUR D'APPEL
L. MARETHEUX, Directeur
1, RUE CASSETTE, 1
1900

T 119 d 92

LA

LITHIASE EN BOSNIE

CONSIDÉRÉE AU POINT DE VUE DE SES RAPPORTS

AVEC LES CONDITIONS GÉOLOGIQUES ET HYDROLOGIQUES

DU PAYS

DON.
N° 95652

PAR

Le Dr Jos. PREINDLSBERGER

MÉDECIN-CHEF
DE LA DIVISION CHIRURGICALE DE L'HOPITAL
DE BOSNIE-HERZÉGOVINE, A SARAJEVO
CONSEILLER DE SANTÉ
DÉLÉGUÉ DU GOUVERNEMENT POUR LA BOSNIE ET L'HERZÉGOVINE AU XIIIe CONGRÈS
INTERNATIONAL DE MÉDECINE, ETC., ETC.

PARIS
IMPRIMERIE DE LA COUR D'APPEL
L. MARETHEUX, Directeur
1, RUE CASSETTE, 1

1900

Td 119
92

LA

LITHIASE EN BOSNIE

Les avis sont encore très partagés relativement aux causes de la lithiase. Les nombreuses publications parues jusqu'ici n'ont pas apporté d'explications suffisantes, et en présence de leurs données contradictoires, quoique souvent documentées par la statistique, on n'est pas en état de se faire un jugement positif et concluant sur la corrélation qui existe entre certains facteurs et l'apparition des maladies de la pierre. Car les données statistiques se basent pour la plupart sur des compulations et tirent des conclusions d'un grand nombre de chiffres qui représentent seulement la somme des observations des divers auteurs; et l'évaluation de leurs observations isolées n'est en grande partie qu'approximative. Les gros chiffres ne permettent de formuler un jugement exact que lorsque le chiffre a par lui même une force probatoire suffisante pour la démonstration des faits qu'on veut en déduire.

Si, par exemple, on fait entrer en ligne de compte l'influence de la constitution géologique d'un pays pour expliquer la propagation de la lithiase, on ne peut toutefois en tirer des conclusions que si les observations sont concordantes. Si, au contraire, il existe des différences dans les points de vue des auteurs, il est alors nécessaire d'envisager tout d'abord d'autres questions, peu éclaircies jusqu'ici, touchant l'étiologie de la lithiase, ou bien d'exiger une étude plus approfondie des observations isolées concernant l'influence de la constitution géologique du pays.

Si, utilisant mes observations personnelles, je tente d'apporter une modeste contribution à l'étude de la propagation de la lithiase et de toucher en même temps à quelques questions étiologiques, je ne le ferai cependant pas sans motiver cette tentative.

Mes observations s'étendent à 176 cas isolés, traités pour la plupart devant ces cinq dernières années et demie ; il s'agit exclusivement de malades de la Bosnie et de l'Herzégovine, à l'exception de 5 individus qui vivaient dans la zone limitrophe des pays avoisinants.

Ces 176 malades appartenant à un pays dont la population s'élève à 1.500.000 habitants et comme je l'ai dit plus haut, ils ont été observés et traités pour la plus grande partie pendant ces cinq dernières années et demie.

De ce nombre, 83 ont été observés par moi-même ; les autres cas ont été portés à ma connaissance, de la façon la plus obligeante, par MM. les docteurs Foglar à Bugojno, Herzmann à Bjelina, Knotz à Banjaluka, Schweiger à Travnik et Sopinski à Biha. Comme ces médecins sont à peu près les seuls dans le pays qui s'occupent du traitement chirurgical de la lithiase, nous pouvons admettre que les cas réunis par eux et par moi-même constituent, à peu de chose près, le total des cas de lithiase observés dans le laps de temps indiqué et, grâce à leurs données exactes et suffisantes, ils peuvent faire l'objet d'une dissertation scientifique. Un excellent travail statistique du gouvernement de Bosnie et d'Herzégovine (le recensement en 1895, voir la littérature), m'a fourni sur plusieurs points des éclaircissements fort utiles.

Quant à la partie géologique du travail, M. Johann Grimmer, directeur des mines, a bien voulu me fournir les renseignements nécessaires, et sa collaboration m'a été extrêmement précieuse.

Les examens des eaux du pays et les analyses chimiques des pierres vésicales ont été faites par M. Max Teich, pharmacien de l'hôpital de Bosnie-Herzégovine.

Je renouvelle ici, à l'adresse de tous ces savants, l'expression de ma vive reconnaissance.

GÉOGRAPHIE

L'étude de la répartition géographique de la lithiase présente encore des lacunes considérables. Telle est notamment l'opinion de Hirsch, l'une des personnes qui se sont le plus occupé de cette question ; il est cité par la plupart des auteurs comme une autorité.

On peut dire, en général, que si la lithiase est particulièrement fréquente dans certains pays, elle est néanmoins répandue sur presque toute la terre ; on a toutefois fait à ce sujet des observations si frappantes que la question se pose inéluctablement s'il n'existe pas de causes locales particulières qui influent sur la fréquence de la lithiase urinaire.

On peut affirmer que pour la propagation et la fréquence de la maladie, c'est le continent asiatique qui tient la première place. La maladie est excessivement répandue dans le centre de la Russie d'Europe ; en Finlande, au contraire, elle est si rare, que dans l'Institut clinique de Helsingfors, on n'a observé, durant 50 ans, qu'un seul cas de pierre.

Dans le nord, le centre et l'ouest de l'Allemagne, l'urolithiase est une rareté et ce n'est que dans une petite partie du duché d'Altenburg qu'elle présente un caractère d'affection endémique.

Au sud-est de l'Allemagne, on ne trouve que deux foyers importants de la maladie : dans la région située entre Munich et Landshut et dans la Haute-Souabe.

En Angleterre, la lithiase est très fréquente. En France, d'après les dernières recherches de Le Roy d'Etiolles, on la rencontre surtout dans les départements de l'ouest. Elle est en général fréquente en Italie, de même qu'en Hongrie.

Dans la péninsule des Balkans, en Bulgarie, en Serbie, en Croatie et en Dalmatie, la lithiase s'observe assez fréquemment. Bien que ces pays, en raison de proximité de la Bosnie, nous intéressassent plus particulièrement, nous n'avons pu recueillir de données détaillées à leur sujet.

Il m'a paru intéressant, au point de vue géographique, de prendre comme terme de comparaison avec la Bosnie le royaume de Bohême.

Kukula a réuni pendant 20 ans, de 1871 à 1891, en Bohême, 522 cas de lithiase, et il en conclut que les habitants de la Bohême présentent une prédisposition particulière à la formation de la pierre vésicale.

Le territoire administratif de la Bosnie-Herzégovine comprend 51.027 kilomètres carrés ; celui de la Bohême 51.967 ; la superficie des deux pays est donc presque identique.

On compte en Bosnie 1 1/2 million d'habitants indigènes, en Bohême, à peu près 6 millions, ce qui fait en moyenne 31 habitants par kilomètre carré pour la Bosnie et 113 pour la Bohême.

Le tableau suivant donne un aperçu général des cas de lithiase observés en Bosnie, et cela presque tous pendant les cinq dernières années et demie.

ANNÉE	DISTRICTS						TOTAL	REMARQUES
	Banjaluka	Bihac	Travnik	Sarajevo	Tuzla	Mostar Herzégovine		
1885.	3	»	»	»	»	»	3	[1] Cas de Nasice de Slavonie.
1886.	4	»	»	»	»	»	4	[2] Cas de Bohême.
1887.	3	»	»	»	»	»	3	[3] Cas Glina.
1888.	4	»	»	»	»	»	4	[4] Deux cas de Metkovic.
1889.	»	1	»	»	»	»	1	[5] Cas Kosinj.
1890.	2	1	»	»	»	»	3	[6] Cas Plevlje.
1891.	»	2	»	»	»	»	2	
1892.	3	1	»	»	»	»	4	
1893.	»	1	1	»	»	»	2	
1894.	6	1	3	4	»	»	14	
1895.	3	2	7	4	1[1]	1	18	
1896.	6	1	9	6	»	3	25	
1897.	9	»	3	7	1[2]	3	23	
1898.	9	3[3]	14	8	3	5[4]	42	
1899.	7	5[5]	4	6[6]	2	1	25	
1900.	2	»	»	»	»	1	3	
	61	18	41	35	7	14	176	

L'exposé des cas observés dans les 6 districts qui forment les subdivisions administratives de la Bosnie-Herzégovine, durant les quinze dernières années, présente certaines particularités remarquables. Dans les neuf premières années, 26 cas sont observés exclusivement dans les districts de Banjaluka et de Bihac bien que dans les autres districts la population eût également des médecins à sa disposition.

En 1894, dans les districts de Travnik et de Sarajevo, les cas observés atteignent subitement le quintuple pour s'accroître encore d'avantage d'année en année.

Ce phénomène frappant s'explique de la façon suivante : Auparavant les malades atteints de la lithiase s'adressaient aux empiriques. Nous en connaissons particulièrement 3 qui, même bien des années après l'occupation étaient encore très courus de la part des malades. Par une coïncidence qui probablement n'était pas purement fortuite les 3 empiriques avaient leur domicile aux 3 foyers principaux de la lithiase et rayonnaient de là dans le pays.

Celui de Banjaluka mourut aux environs de 1880 sans laisser de disciple et c'est à partir de ce moment que commencèrent les observations de la lithiase faites par des médecins attitrés.

En 1893, le gouvernement défendit aux empiriques tout acte opératoire, de même que tout acte de charlatanerie. L'effet de cette mesure se reflète dans les chiffres du tableau. Ceux-ci semblent démontrer que le peuple cherche à tout prix un secours pour combattre la lithiase, ce qui est d'ailleurs coroboré par les vues qui ont cours dans le peuple.

Durant les quinze dernières années, c'est-à-dire de 1885 au commencement de 1900, *176 cas* ont été observés en Bosnie et en Herzégovine, dont 165 concernent incontestablement des indigènes ; sur les 11 autres cas, il y en a 6 qui se rapportent à des individus de la même race et ayant les mêmes habitudes que les indigènes, mais qui sont nés au-delà des frontières politiques de la Bosnie et de l'Herzégovine, frontières qui ne concordent pas avec les limites géologiques.

(1 Mahométan de Plevlje âgé de neuf ans ; 1 Orthodoxe oriental de Metkovic âgé de vingt ans et 1 Catholique âgé de soixante-dix ans ; 1 Orthodoxe, âgé de trente-six ans, de Glina-Davorije ; 1 Orthodoxe âgé de quatre-vingt un ans de Kosinj dans le même district de Lika, qui était établi à Cazin, dans la partie du nord-ouest de la Bosnie, là lithiase est répandue, et un ouvrier orthodoxe de treize ans qui était né à Nasice en Slavonie) ; 4 autres cas concer-

nant des enfants qui, quoique n'étant pas d'une race apparentée étaient nés et avaient été élevés dans les régions de la Bosnie riche en lithiase (1 enfant d'employé de Càjnica âgé de onze ans, 1 enfant d'employé de Busovaca âgé de deux ans et demi, 1 enfant d'employé de Brod en Bosnie âgé de deux ans ; et 1 enfant de cinq ans, fils d'un Allemand qui s'était établi à Oberwindhorst). Il est du reste bien justifié d'ajouter ces 10 cas aux 165 autres. Un seul cas (un homme de cinquante-neuf ans, originaire de Slany, en Bohême) doit être réputé, ne pas faire partie de notre groupe.

Si nous comparons les chiffres de la population de la Bosnie et de la Bohême, en comptant de l'année 1894 où commencent les observations exactes, nous pouvons conclure que la lithiase est quatre, cinq fois plus fréquente en Bosnie qu'en Bohême.

Il y a lieu de relever qu'en Bohême la lithiase est réparti sur l'ensemble du pays d'une façon à peu près égale dans la proportion du chiffre de sa population.

En Bosnie, au contraire, la lithiase paraît être plus fréquente dans certaines régions, comme nous le verrons plus loin ; certaines contrées très peuplées sont presque complètement indemnes de la maladie, et dans une certaine partie de la région de Drina, dont la population est très pauvre et très malingre, la lithiase ne s'observe qu'à l'état sporadique.

GÉOLOGIE ET EAU

On a de tout temps attribué à l'eau potable, et particulièrement aux éléments de calcaire et de magnésie qu'elles renferment une influence sur la formation de la pierre vésicale.

Si l'on admet un rapport entre la teneur minérale de l'eau et la constitution géologique du sol, la maladie devrait donc dépendre de formations géologiques déterminés, spécialement des terrains calcaires.

D'après Hirsch, Heusinger aurait, le premier émis l'avis que la pierre vésicale ne se présente fréquemment que dans les terrains crétacés, dans le jurassique et dans les autres formations calcaires plus récentes.

Or si l'on considère les foyers de la lithiase on constate une série de faits qui viennent confirmer cette opinion. Ainsi l'on voit prédominer la maladie dans les terrains calcaires et magnésiens du bassin du Don et de la Volga en Russie, dans les terrains crétacés des comtés de l'est de l'Angleterre, le calcaire jurassique de l'Alb de Souabe en Württemberg, tandis que si nous sortons de ces compositions géologiques, si nous prenons par exemple la marne irisée de la contrée du Neckar, les calcaires conchyliens de la Franconie du Spessart et de la Rhoene appartenant aux formations tertiaires la maladie de la *pierre vésicale* se présente très rarement, tandis qu'elle est de nouveau très fréquente dans certaines régions de l'Italie présentant des terrains calcaires, notamment dans les provinces de Brescia et de Crémone. Il en est de même sur le sol crayeux et calcaire de la Syrie, et sur le calcaire jurassique de Montréal, etc.

Ces constatations frappantes, sont, il est vrai, contrebalancées par le fait que la maladie apparaît aussi fréquemment dans d'autres formations du sol; ainsi dans la formation trachytique appartenant à la basalte, dans plusieurs contrées du Dekkan, dans la basalte et le tuf volcanique des îles Maurice et de la Réunion, dans le terrain granitique recouvert d'alluvion de Canton, etc.

Hirsch, au travail duquel j'emprunte l'exposé de la répartition géographique et géologique de la lithiase, classe dans les pays foyers de la maladie et qui n'appartiennent pas aux terrains calcaires, le calcaire pénéen alpin à Altenbürg et le carbonate de chaux du Yorkshire. Ces formations contiennent, à la vérité, également de la chaux, mais en quantité bien moindre que ceux classés dans le premier groupe.

Il est important d'ajouter qu'on connaît une série de pays qui tout en appartenant aux formations récentes de craie calcaire ou jurassiques, sont néanmoins presque complètement exempts de lithiase; tels les côtes des Barbades et d'autres îles de l'Inde occidentale, ainsi que la formation jurassique de toute la Suisse occidentale.

Si, néanmoins, on veut admettre que la chaux, dans ses diverses formes et combinaisons géologiques, a alors une influence sur la formation de la lithiase, on doit reconnaître que la Bosnie et l'Herzégovine présentent toutes les conditions favorables à la propagation générale de la maladie.

L'ouest du pays, embrassant les 2/3 environ du territoire, se compose de grandes masses calcaires néoformées, très développées et constituées par du terrain calcaire tertiaire, jurassique et crayeux, et aussi en partie par de la chaux nummulitique, et là où on trouve encore dans les dépressions des sédiments néoformés, ils sont en grande partie composés de marne calcaire (pierre tendre).

Dans la partie orientale du pays, les sédiments schisteux, sablonneux et argileux, de même que les rocailles provenant d'éruptions volcaniques (Diabase et Melephyr-Mendelsteine, Gabbros et Serpentine), prennent une plus grande part à la constitution du sol; mais là aussi le calcaire ne fait pas défaut. Les sédiments d'eau douce sont composés ordinairement de formations marneuses, les couches sarmatiques sont riches en calcaire, le calcaire de la Leitha forme l'élément le plus important des sédiments marins.

Dans le territoire de la Flysche bosnéenne, les terrains calcaires sont extraordinairement abondants; les couches de Werfen présentent presque partout des dépôts d'une pierre calcaire foncée, fréquemment lisse et rappelant le calcaire de Güttenstein. Dans le groupe des couches paléozoïques, le calcaire se présente en partie, sous la forme de bancs plus ou moins considérables.

Or, chose curieuse, la lithiase apparaît de préférence dans un territoire parfaitement circonscrit au point de vue géologique. Ce territoire est représenté dans le cas particulier, par la chaîne principale des montagnes bosno-herzégoviennes qui comme une prolongation de la ceinture calcaire des Alpes méridionales traversent le pays dans la direction du sud-est en plis réguliers et parallèles à la côte de l'Adriatique. De la côte, ces plis s'élèvent en gradins vers l'intérieur du pays jusqu'au rempart principal qui traverse le pays en diagonale et dont les dépressions s'abaissent jusqu'à la zone du Flysch qui s'étend au nord-est. Ce rempart représente pour ainsi dire l'axe tectonique du pays, auquel se joignent les montagnes riches en minerais au centre de la Bosnie et plus loin les massifs les plus importants de l'Herzégovine. Ceux-ci s'étendent, dans la même direction sud-est, jusqu'aux sommités du Monténégro. Cette ligne représentant la limite orientale des Alpes dinariques est entourée d'une zone où le nombre des cas de lithiase est étonnant.

Dans ces territoires riches en sol calcaire crayeux qui s'étendent au sud-ouest, les cas de lithiase sont également sporadiques, ainsi que dans le Flysch nord-est et l'Alluvium; il ne serait pas difficile d'expliquer la plupart de ces cas exceptionnels, car il me paraît que dans toute cette étendue de terrain, la maladie est pour ainsi dire localisée et peut être réunie en trois foyers principaux.

La carte ci-jointe est de nature à confirmer cette hypothèse où sont marqués tous les endroits d'où proviennent des cas de lithiase indiqués. Sur la feuille superposée à la carte, le territoire principal de propagation de la maladie et le nombre des cas observés dans les localités indiquées sont inscrits.

La situation géographique exacte des localités, dans lesquelles sont survenus des cas de pierre vésicale, a été fournie en grande partie par les cartes spéciales de l'état-major impérial et royal. Les endroits qui ne figuraient pas sur les cartes de l'état-major ont été empruntés à la liste des localités, fournis par le recensement de la population de la Bosnie-Herzégovine.

Là où la carte géologique du pays ne présentait pas des points de repère suffisants pour établir la nature du sol de l'endroit désigné, M. Joh. Grimmer, Directeur des mines, que j'ai cité plus haut, l'homme qui a étudié de la façon la plus approfondie les conditions géologiques du pays, a bien voulu combler cette lacune.

Dans le tableau ci-après sont réunis les 176 cas de lithiase suivant leur répartition sur les différentes formations géologiques du pays; en même temps, j'y ai inscrit l'âge et la confession des malades.

GENRE de terrain.	DISTRICTS	LIEU d'apparition	NOMBRE DE CAS	AGE des individus (Nombre d'années)	CONFESSION	REMARQUES
Granit.	Prnjavor.	Kobas	1	38	Catholique	
Ardoise palæozoïque.	Kostajnica.	Suhaca [1]	1	14	Mahom.	
Schistes et calcalcaire palæozoïques.	Srebrenica.	Opravdic.	1	16	Orthod.	
	»	Zelinje	1	12	»	
	Cajnica.	Cajnica.	2	11	Cathol.	Fils d'employé.
	»	»		5	Mahom.	
	Gorazda.	Gorazda [2]	1	15	»	
	Rogatica.	Praca.	1	12	Orthod.	
	Jajce	Grdovo.	1	18	»	
	Travnik.	Ramska.	1	13	Mahom.	
	»	Veceriska.	1	8 mois	Cathol.	
Calcaire triasique et palæozoïque, entre deux des stratifications de Werfen.	Bugojno.	Gornji-Vakuf.	1	15	Orthod.	
Calcaire palæozoïque et stratification de Werfen.	Bugojno.	Dolnji-Vakuf.	1	11	Cathol.	
Calcaire palæozoïque.	Fojnica.	Kresevo.	1	32	Cathol.	
	Ključ.	Orahovljani.	1	22	Orthod.	
Stratification de Werfen et calcaire tertiaire.	Prozor.	Troscani.	1	7	Cathol.	
	»	Skrobucani.	1	14	»	
	Jajce.	Varcar-Vakuf [3]	1	11	Orthod.	
	Travnik	Travnik [3].	1	12	»	
Calcaire tertiaire sur les stratifications de Werfen.	Sarajevo.	Sarajevo [4].	16	25	Orthod.	
				45	»	
				14	»	
				37	»	
				2 1/2	»	
				14	»	
				44	»	
				4	»	
				19	Mahom.	
				26	»	
				2 1/2	»	

1. Suhaca : Les sources des cours d'eaux proviennent de chaux triasique et jurassique.
2. Gorazda : À l'est, dans de grands territoires à calcaire tertiaire.
3. Varcar-Vakuf et Travnik : Limite entre le calcaire triasique et les schistes de Werfen.
4. Sarajevo : L'eau provient sûrement du calcaire et sort entre le calcaire et les couches de stratificatation de Werfen.

GENRE de terrain	DISTRICTS	LIEU d'apparition	NOMBRE DE CAS	AGE des individus (Nombre d'années)	CONFESSION	REMARQUES
Calcaire tertiaire sur les stratifications de Werfen.	Saravejo.	Sarajevo.	16	2 2 1/2 3 1/2 6 60 9	Mahom. » » Juif espgol » Mahom.	
	Sarajevo.	Nahorevo.	1	3 1/2	»	
	Krupa.	Buzim.	1	9	»	
Ardoises, stratification de Werfen dans le voisinage immédiat du calcaire triasique.	Foca.	Slatina.	1	25	Orthod.	
Formation calcaire triasique.	Sanskimost.	Tomina.	1	57	»	
Calcaire triasique.	Visoko.	Tesevo.	1	3	Cathol.	
	Sanskimost.	Tramosnja.	2	5	Orthod.	
	»	Skucani-vakuf.		8	»	
	Fojnica.	Rakavonoga.	1	35	Cathol.	
	Petrovac.	Petrovac.	2	12 30	Orthod.	
	Kljuc.	Sanica.	2	7 12	Mahom.	
	»	Strazice.	1	15	Orthod.	
		Cehici.	1	14	Mahom.	
		Ratkovo.	1	14	Orthod.	
		Kamicak.	1	9	»	
		Ljubioje.	1	5	»	
		Prisjeka-Smajlbega.	1	40	»	
	Iajce.	Cusine.	2	7 18	» »	
	»	Volari.	1	2	Cathol.	
	»	Liskovac.	1	12	»	
	Cazin.	Todorovo.	3	15 18 25	Mahom.	
	»	Cazin.	2	3 81	Mahom. Cathol.	
	»	Coralic.	1	35	Mahom.	
		Seliste.	1	17	Orthod.	
		Pistalina.	1	13	Mahom.	
	Travnik.	Ricice.	1	10	Cathol.	
		Djelilovac.	1	4	»	
		Podkraj.	1	4	»	
		Ruuici.	1	5	Mahom.	
	Sandschak Novipazar en Turquie.	Plevlje.	1	9	»	

GENRE de terrain	DISTRICTS	LIEU d'apparition	NOMBRE DE CAS	AGE des individus (Nombre d'années)	CONFESSION	REMARQUES
Calcaire triasique et jurassiquè.	Bugojno.	Kupres.	2	21/2 50	Orthod. Cathol.	
Formations riches en calcaire triasique et des Flysch.	Visoko.	Vares.	1	19	Cathol.	
Calcaire jurassique.	Iajce.	Bjelajce.	1	6	Orthod.	
	Travnik.	Mudrike.	1	12	»	
	Baujaluka.	Kmecani.	1	7	»	
		Rekavice.	1	3	»	
		Krupa.	2	14 15	» »	
		Hagici.	1	15	»	
Calc. crayeux.	Stolac.	Stolac.	4	3 5 10 15	Mahom.	Femme.
	»	Carici.	1	5	Orthod.	
	Ljubinje.	Ljubinje.	1	40	Mahom.	
	Trebinje.	Trebinje.	1	16	Orthod.	
	Cazin.	Trzac.	1	4	Mahom.	
	Kotarvaros.	Vlatkovic.	1	18	Orthod.	
		Zivinice.	1	20	»	
		Imljanl [1].	1	26	»	
		Zaselje.	1	4	Cathol.	
		Sokoline.	1	7	»	
	Travnik.	Zagradje.	1	21/2	Mahom.	
	Banjalecka.	Kablovi.	1	17	Orthod.	
		Balte.	1	10	Orthod.	
	»	Iagare.	2	12 14	» »	
	»	Kola.	1	17	»	
Flysch et calcaire	Maglaj.	Strijezevica [2].	1	16	»	
	Banjaluka.	Piskavica [3].	1	10	»	
Groupe de Flysch.	Kotorvaros.	Zabrdje.	1	7	Cathol.	
	»	Timar.	1	9	Orthod.	
	Banjaluka.	Prijekovci.	2	4 5	» »	
		Slatina.	1	3	»	
		Kobatovci.	1	22	»	
		Ivanjska.	1	4	»	

1. Situé à la limite du calcaire à sphyches jurassiques et du calcaire crayeux.
2. Strijezevica : A proximité immédiat du calcaire de Flysch.
3. Piskavica : Limitant le calcaire triasique, jurassique et crayeux, d'où l'eau vient,

GENRE de terrain	DISTRICTS	LIEU d'apparition	NOMBRE DE CAS	AGE des individus (Nombre d'années)	CONFESSION	REMARQUES
[1] Groupe de Flysch.	Banjaluka.	Iakupovci.	1	16	Orthod.	
		Blasko Veliko	1	4	»	
		Bistrica.	3	5 6 13	» » »	
		Glamocani.	1	18	»	
	Tesanj.	Mladikovina.	1	14	»	
	»	Tesanj.	1	8	Mahom.	
Calcaire de Leitha.	Gradacac.	Gradacac.	1	23	Mahom.	
	Brcka.	Skakava.	1	4	Cathol.	
	Prjedor.	Mirkovac.	1	9	Orthod.	
	Gradiska.	Podgraci [2].	1	5	»	
Sédiments de calcaire marneux de formation récente sur du calcaire triasique et magnésien.	Konjica.	Dzepe.	1	12	»	
	Bihac.	Golubic [3].	1	4	Cathol.	
Sédiments d'eau douce de nouvelle formation confinant au calcaire triasique.	Fojnica.	Kiseljak.	1	5	Cathol.	
	Bihac.	Pritoka [4].	1	60	Orthod.	
Sédiments d'eau douce, de calcaire marneux, de nouvelle formation sur du calcaire triasiq.	Rogatica.	Rogatica.	2	10 10	Mahom. Orthod.	
	Bugojno.	Bugojno.	1	50	Cathol.	
	»	Prusac.	1	18	Mahom.	
	Bihac.	Zégar [5].	1	7	Cathol.	
	»	Kralje [5].	1	4	»	
	Travnik.	Brajkovic.	2	3 1/2 6	Orthod.	
	»	Bijela.	1	8	Mahom.	
Calcaire crayeux se trouvant sous du calcaire marneux de nouvelle formation.	Ljubuski.	Rakitno.	1	7	Cathol.	

1. Groupe de Flysch : Des 15 endroits désignés dans le groupe de Flysch, 8 sont situés dans les territoires thermaux de Banjaluka, Slatina; ainsi que dans les territoires néoformés riches en calcaires d'Vrbas, de Slatina, de Blasko-Veliko, de Bistrica, de Glamocani, Potocani, Dragovici, Jakupovici, et de Kobatovci.

2. Podgraci : A la limite entre le calcaire de Leitha et celu de Flysch.

3. Golubici : Superposé à des calcaires néoformés.

4. Pritoka : A la limite entre les sédiments d'eau douce calco-marneux et le calcaire triasique.

5. Zégar et Kralje : Superposé à des calcaires néoformés.

GENRE de terrain	DISTRICTS	LIEU d'apparition.	NOMBRE DE CAS	AGE des individus (Nombre d'années)	CONFESSION	REMARQUES
Tuf calcaire et calcaire marneux néoformé.	Iajce.	Iajce.	2	50 7	Mahom. Orthod.	
Calcaire marneux néoformé sur du calcaire nummulitique et crayeux.	Mostar.	Gnojnica. Mostar.	1 1	25 8	Cathol. Orthod.	Femme.
Calcaire marneux de formation récente.	Prozor. Banjaluka. Prjedor.	Duge. Petricevac[1]. Kozarac[2].	1 1 1	4 49 10	Mahom. Cathol. Orthod.	
Sédiments d'eau douce de calcaire marneux néoformé.	Visoko. » » » Zenica. Prnjavov. » Travnik. » » Banjaluka. » »	Podkraj. Halenici. Uvorici. Visoko. Zenica[3] Potocani[4]. Drugovici. Pokracic. Malina. Poljanica. Banjaluka[5]. Dervisi. Magjir.	1 1 1 1 1 1 1 1 2 1 3 1 1	14 15 4 1/2 10 27 40 3 10 13 14 30 7 10 13 2 5	Orthod. Cathol. Mahom. Juif espag. Orthod. Cathol. Orthod. Cathol. » » Mahom. Orthod. » Mahom. Cathol. »	
Couches de marne blanc.	Glina. Pays de Croatie.	Davorije.	1	36	Orthod.	
Alluvion; d'un côté, formation schisteuse, de l'autre, triasique.	Travnik.	Guvna.	2	3 4	Cathol. »	
Alluvion dans du calc. crayeux.	Metkovic. Dalmatie.	Metkovic.	2	20 70	Orthod. Cathol.	

1. Petricdvac : Dans le groupe de Flysch.
2. Kozarac : A la limite des terrains néoformés riches en calcaire et du groupe de Flysch.
3. Zenica : Riche en calcaire marneux; au nord les formations triasiques, au sud les couches schisteuses palæozoïques.
4. Potocani : Situé sur le groupe de Flysch.
5. Banjaluka : Dans le groupe de Flysch.

GENRE de terrain	DISTRICTS	LIEU d'apparition	NOMBRE DE CAS	AGE des individus (Nombre d'années)	CONFESSION	REMARQUES
Alluvion sur du calc. crayeux et nummulitique.	Ljubuski.	Capljina.	1	3	Cathol.	
Alluvion situé sr du calcaire marneux de nouvelle formation.	Sanskimost.	Sanskimost [6].	2	10 10	Mahom. Orthod.	
Alluvion à proximité de formation récente, riche en calcaire.	Prnjavor.	Pribrjezi.	1	14	Cathol.	
Alluvion sur du schiste palæozoïque.	Fojnica. Travnik.	Busovaca. Vitez [1].	1 1	2 1/2 7	Cathol. »	Enfant d'employé.
Alluvion dans le groupe de Flysch.	Banjaluka. » Tuzla. Esseg (Slavonie).	Oberwindhorst Celinac. Dl. Tuzla. Nasice.	1 1 1 1	5 7 59 13	» Orthod. Cathol. Orthod.	Enfant de Colonistes
Alluvion de la Save.	Dervent. Gradiska. Neu-Gradiska (Slavonie).	B. Brod. Liskovac. N. Gradiska.	1 1 1	2 16 12	Cathol. Mahom. Orthod.	Enfant d'employé

6. Sanskimost : L'eau provient du calcaire triasique et jurassique.
1. Vitez : Sur des dépôts calcaires de schistes palæozoïques.

Le territoire de propagation de la lithiase en Bosnie et Herzégovine ainsi qu'il appert de la carte ci-jointe, forme une large bande de terre s'étendant jusqu'à la Turquie, du nord-ouest du pays jusqu'à sa frontière sud-ouest ; cette zone coincide avec les grandes érosions (médités) palaeozoïques, avec le tracé triasique. Sur les 176 observations faites, 149 (y compris Glina et Plevlje) rentrent justement dans cette zone, par conséquent dans le domaine de la formation triasique.

Sur les 27 cas ou plutôt des 26 cas qui restent, nous pouvons encore en ajouter 5 qui eux aussi se rattachent, à proprement par-

BIBLIOTHÈQUE NATIONALE B.F. IMPRIMÉS

ler, au grand groupe indiqué plus haut. Ce sont les cas observés dans le territoire de Banjaluka, à proximité immédiate de la Save, c'est-à-dire les cas de Windhorst, Podgraci, Liskovac, Pribrjezi et Kobas. Or, presque tous ces endroits, ainsi que ceux plus élevés de quelques kilomètres, possèdent la même eau; de plus, la population de cette contrée provient en grande partie de l'intérieur de la Bosnie, c'est-à-dire d'un terrain également triasique, et elle ne s'est établie dans ces parages que depuis un temps relativement court, dix à vingt ans seulement; ce fait méritait d'être signalé, attendu que, comme je l'expliquerai plus loin, la disposition individuelle des habitants est un facteur qui entre également en ligne de compte.

Les cas constatés dans la partie orientale du Flysch, à Tesanj, à Strijezevica, à Gradacac, Skakava, Zelinje et à Opravdic, peuvent être rattachés à des gisements calcaires. Il faut d'ailleurs aussi tenir compte du fait que, dans notre population agricole, tout individu n'est pas attaché à la glèbe, il y a, notamment, beaucoup de paysans des territoires calcaires stériles qui émigrent comme ouvriers vers les régions plus basses.

Aussi serait-il désirable, pour ces observations, d'avoir des données personnelles sur chaque malade atteint de lithiase, mais, malheureusement ce ne serait possible que dans très peu de cas. Quant aux treize cas provenant des territoires crayeux de l'Herzégovine, ils paraissent former un groupe à part dont il sera question plus loin.

Si l'on admet que, de même que le calcaire, l'eau provenant des terrains primitifs favorise également l'apparition de la lithiase, on trouve, un certain appui à cette thèse dans la répartition géographique des cas. En effet, le terrain primitif situé entre Travnik et Sarajevo (dans lequel se trouve la source du fleuve Vrbas, qui présente sur tout son trajet de nombreux cas de lithiase) est entouré d'une région présentant un grand nombre de cas de lithiase.

Les cas observés dans la vallée de la Rama affluent de la Narenta (Duge, Briscani et Skrobucani, de même que Dzepe, près de Konjica) doivent également être rattachés au cours d'eaux et aux dépressions du terrain primitif de la Bosnie.

Tandis que comme nous l'avons vu, la zone du lithiase présente dans la direction Nord-Est quelques avant-postes isolés situés dans la fosse du Flysch, elle est comme coupée au cordeau, au Sud-Ouest, et s'arrête brusquement aux limites du grand territoire calcaire et crayeux de la Bosnie occidentale et de l'Herzégovine.

Il est vrai qu'elle affine de ce côté à maints endroits à des hautes chaînes et des hauts plateaux impraticables et inhabités, mais même au delà de ces derniers dans les contrées plus habitées, la lithiase n'apparaît plus que d'une façon tout à fait sporadique et accidentelle. On pourrait presque croire que la lithiase cesse là où commence le Karst si pauvre en eau, le Karst avec ses ruisseaux encaissés, ses mares et ses lacs périodiques et surtout avec ses citernes où les habitants en sont réduits à puiser durant des semaines et des mois leur eau potable.

Le seul vrai cours d'eau de ce grand territoire est la Narenta, cette rivière qui de même que la Drina, laquelle forme la frontière du côté de la Serbie, jaillit des montagnes calcaires, ne charie que de l'eau de pluie et de la neige fondue.

Il convient de signaler d'autre part le fait assez frappant, que la zone de lithiase dessinée, emprunte au Nord le territoire du Karsat, dans la partie seulement où se trouvent encore des cours d'eau à ciel ouvert dont l'eau est dûaux eaux dures et froides d'une dure et basse température.

Si nous examinons rapidement les explications fournies jusqu'ici relativement à l'influence de l'eau potable de la formation de *la pierre vésicale*, nous croyons que, d'après Stamm, une eau potable riche en chaux, favorise l'éclosion de la maladie, en diminuant l'acidité de l'urine.

D'après Cantani, au contraire, une eau potable ne contenant pas beaucoup de chaux augmente l'acidité de l'urine, et de ce fait favorise la formation de pierres de phosphate.

Au point de vue théorique, l'augmentation des sels calcaires dans l'organisme et la sécrétion accrue par le fait, pourrait sûrement être un facteur déterminant la formation de la pierre. Mais il existe des observations absolument contradictoires sur la propagation de la lithiase dans des contrées où l'eau potable contient beaucoup ou peu de chaux.

En Angleterre, par exemple, dans les environs de Cambridge,

où l'eau potable contient beaucoup de sels calcaires, Dobson constatait très peu de cas de lithiase, alors qu'elle est souvent observée à Norwich où l'eau potable renferme peu de chaux.

Tout dernièrement, Carrow a fait ressortir l'influence de l'eau potable calcifère sur la fréquence de la lithiase dans le sud de la Chine.

D'après Antal, ce facteur n'a pas d'influence en Hongrie, où la maladie de la pierre est au contraire plus fréquente dans les contrées pauvres en terrain calcaire que dans ceux où l'on en trouve beaucoup.

Déjà, dans les ouvrages médicaux de l'antiquité, d'Hippocrate, de Galien et d'Actius, l'eau est indiquée comme étant la cause de la maladie; ces auteurs recommandent même comme moyen de prévention contre les récidives *ipsam etiam aquam per omnem victum perissimam et percolatam*; jusqu'aux temps modernes, ce point de vue a été maintenu par les médecins de tous les pays.

On a cependant opposé à cette théorie le fait que la lithiase se rencontrait dans des régions où l'eaudure, riche en sels calcaires ne sert pas de boisson.

D'après Hirsch, Geinitz fait remarquer que dans les districts d'Altenburg où l'on observe souvent l'uro-lithiase, l'eau que l'on boit provient du calcaire pénien alpin, alors que la même eau est également consommée dans la région voisine, de la principauté de Reino.'où la maladie est rare.

J'incline à croire que cet exemple n'est pas probant si l'on n'a pas établi la composition chimique de l'eau de ces deux contrées; il se pourrait en effet, que la composition de l'eau provenant du calcaire pénéen alpin d'Altenburg fût sensiblement modifiée dans son cours inférieur par des affluents provenant d'autres sources.

Il y a quelque intérêt à relever le fait que dans le peuple de Bosnie-Herzégovine, l'opinion attribuant à l'eau potable une influence sur la maladie de la pierre, est assez répandue; les empiriques qui entreprennent les opérations de la pierre, défendent à leurs opérés de boire de l'eau, je crois cependant qu'ils ne prennent cette précaution que pour limiter la rétention d'urine qui survient immédiatement après les opérations.

Pour apprécier l'influence de l'eau potable calcofère sur la formation de la pierre, nous devons aussi tenir compte de la constitution géologique du sol et de ses relations avec la composition chimique de l'eau.

Dans les eaux de source provenant de formation de Gneiss (granite stratifié), l'acide silicique prédomine régulièrement; quant aux eaux de source provenant de formations micacées, Sendtner les caractérise de la façon suivante :

La teneur en calcaire et par suite le résidu total des eaux de source varient considérablement selon la composition de la roche (corne striée riche en calcaire). La petite quantité de résidu de la vaporisation et la proportion élevée d'acide silicique caractérisent d'ailleurs toutes les sources des montagnes d'ancienne formation.

Les cours d'eau provenant des montagnes d'ancienne formation fournissent à la vaporisation des résidus beaucoup plus considérables et, par conséquent, plus de calcaire.

Les cours d'eau reçoivent leur eau de différents territoires par des affluents et cela occasionne des variations de la teneur calcaire dépendant des diverses propriétés géologiques du territoire alimentant la rivière.

L'eau qui sort des formations triasiques a un contenu riche en magnésie et en chaux, provenant de ce que la molasse supérieure s'imprègne de l'eau découlant du calcaire conchylien superposé.

Les eaux qui proviennent des roches magnésiennes appartiennent au groupe des eaux dures à cause de leur richesse en combinaisons d'acide carbonique.

Si nous pouvons déduire les qualités de l'eau potable des propriétés géologiques du sol en Bosnie, l'eau potable devra être classée parmi les eaux dures, parce que le pays possède partout beaucoup de calcaire et que les couches de calcaire triasiques y sont très développées.

Le pharmacien de l'hôpital de Bosnie-Herzégovine, M. Max Teich, a entrepris, durant les cinq dernières années et demie, des recherches sur les eaux qui proviennent des différentes parties du pays.

Dans ces observations, il a calculé chaque fois qualitativement et quantitativement les éléments les plus importants de l'eau pour juger de la qualité de celle-ci au point de vue de la consommation; le but de ces recherches était aussi de savoir si l'eau en question pouvait être utilisée sans inconvénient dans les chaudières à vapeur.

Il a fait en tout 141 analyses d'eaux, sans compter les cas où telle ou telle eau a nécessité la répétition de l'examen ; ces 141 recherches ont été faites sur des eaux provenant de différentes parties du pays et s'étendent à 53 localités. Nous pouvons, en utilisant les résultats de ces analyses, nous faire une idée, incomplète il est vrai, des propriétés de l'eau potable du pays.

Il ressort des recherches de Teich que, sur les 141 analyses par lui opérées, 117 échantillons accusaient une dureté de plus de 10° allemands ; 24 fois il a trouvé une dureté inférieure de 10°.

En général, l'eau potable de Bosnie et d'Herzégovine peut donc être considérée comme passablement dure. Parmi les plus hauts degrés de dureté trouvés, à savoir 82°5, citons l'eau de Bugojno en Bosnie, et parmi les plus faibles, les eaux de citerne de l'Herzégovine.

Les eaux minérales du pays ne sont pas comprises dans ce tableau. Relativement aux eaux de l'Herzégovine, il est un point important qui me semble digne d'être relevé.

L'Herzégovine est pauvre en eaux de source et la population est obligée de recueillir l'eau de pluie dans des citernes et de s'en servir pour la consommation.

Le degré de dureté de l'eau de citernes dépend en majeure partie des conditions dans lesquelles se trouvent les parois de la citerne : dans les citernes récemment construites, la dureté de l'eau est augmentée à la suite de la dissolution de calcaire corrosif provenant de la masse de ciment. En général, la plus grande partie des eaux de citerne de l'Herzégovine peuvent être taxées des eaux douces.

Ce fait est intéressant, puisque sur les 175 cas de lithiase observés, 14 seulement proviennent de l'Herzégovine. Les quatre observations de cas de lithiase faites à Stolac, en Herzégovine, ont démontré, par les résultats des recherches des eaux, la présence d'une eau potable dure ; 1 cas observé à Trebinje a fait constater la présence d'une eau potable dont les degrés de dureté s'élèvent entre 9-10°, c'est-à-dire à la limite qu'on est convenu d'établir entre une eau potable dure et douce. Aussi bien qu'à Stolac qu'à Trebinje, les analyses concernaient de l'eau de source.

Kukula estime que, par la partie occidentale de la Bohême, la présence abondante d'eaux riches en acide carbonique, qui ont une action litholitique bien connue, explique la rareté des cas de lithiase.

En Bosnie, où nous observions un si grand nombre de cas de maladies de la pierre, il existe des sources nombreuses d'eaux minérales riches en acide carbonique, ainsi le conseiller Ludwig a-t-il entrepris, en 3 années, 31 analyses chimiques de sources d'eaux minérales.

En Herzégovine, on ne connaît presque pas de sources d'eaux minérales [1], et l'eau est en général pauvre en acide carbonique ; il faut chercher la cause de ce fait dans l'état hydrologique particulier de l'Herzégovine.

Comme nous l'avons déjà dit, une grande partie de l'eau potable est de l'eau de citerne qui contient peu d'acide carbonique ; la plupart des rivières, à l'exception de la Narenta, ont un lit plat et peu profond, et sont, durant une grande partie de l'année, marécageuses ou complètement desséchées.

Les grandes masses d'eau qui se produisent au printemps et en automne pendant la période des pluies proviennent de la fonte des neiges et de la pluie, et contiennent par conséquent peu d'acide carbonique.

Dans les localités où des sources minérales ont été analysées, nous avons 124 observations de cas de lithiase, se répartissant sur 22 localités, ainsi qu'il appert du tableau ci-après :

Sarajevo (territoire thermal de Ilidze)	17
Cajnica : sources d'eaux acidulées	3
Foce (Slatina) (sources d'eaux acidulées)	1
Fojnica (sources d'eaux acidulées	4
Rogatica et Praca (sources d'eaux acidulées)	3
Visoko-Kiseljak (sources d'eaux acidulées)	6
Banjaluka (territoire thermal)	30
Prjedor : soufre	2
Prnjavor : terme indifférent	4
Tesanj : soufre et sources d'eaux acidulées	2
A reporter	72

[1] En Herzégovine : 2 sources à la frontière, à Konjica; 2 à Castelnuovo dans la Bocche ; au point de vue géologique, ces deux endroits n'appartiennent pas, à proprement parler, à l'Herzégovine.

Report. . . .	72
Bihac : soufre et sources d'eaux acidulées	4
Cazin — — — —	9
Krupa — — — —	1
Petrovac — — — —	2
Sanskimost-Tomina : eaux acidulées et indifférentes . .	5
Tuzle et Brcka : eaux salées	1
Gradacac : therme indifférent	1
Maglaj : eaux acidulées	1
Srebrenica-Zvornik : eau acidulée et arsenifère	2
Travnik : eaux de différentes sortes	19
Bugojno : eaux acidulées	6
Konjica : eaux salées	1
Total des cas.	124

Le peuple connaît les sources d'eaux minérales extraordinairement nombreuses du pays et y a recours à tout propos et avec passion.

Dans la zone de la lithiase, l'on trouve de nombreux thermes et plusieurs territoires thermaux assez étendus.

Dans l'Herzégovine, les thermes font complètement défaut. Kukula a réuni 397 cas de lithiase en Bohême, classés d'après le domicile des malades; c'est au nord-est et au nord de la Bohême qui accusent le plus grand nombre de cas; tandis qu'il y en a que fort peu dans la Bohême occidentale. Kukula essaie d'expliquer ce phénomène par le fait que dans la Bohême occidentale l'eau potable est plus riche en acide carbonique que dans les autres régions du pays et que les propriétés litholitiques des fameuses sources de montagnes de la Bohême occidentale, entravent en partie la formation de la lithiase. Cette opinion de Kukula, qui admet l'influence de l'eau potable riche en acide carbonique par la fréquence de la lithiase, n'est pas coroborée par les expériences faites en Bosnie-Herzégovine.

Stamm admet, comme je l'ai dit plus haut, que l'eau potable riche en chaux favorise, par la diminution de l'acidité de l'urine, la formation de concrétions dans la vessie et qu'elle contribue à la formation de calculs de phosphate.

A la suite de l'examen des matériaux qui ont été mis à ma disposition et qui provenaient de la Bosnie et de l'Herzégovine, j'arrive au résultat suivant :

J'ai sous les yeux des analyses d'eaux faites dans 13 localités où se sont présentés des cas de lithiase, dont les concrétions ont été soumises à une analyse chimique minutieuse.

Dans la détermination de la composition chimique de la pierre, j'ai envisagé les propriétés du centre du calcul (noyau de la pierre).

De ces 13 localités me sont parvenus 26 pierres vésicales qui ont été examinées chimiquement et qui se répartissent comme suit :

I. *Urates*

Petrovac en Bosnie	(2 eaux potables dures)	2 cas
Sarajero	(7 eaux potables dures, 2 d'eaux douces)	6 —
Zenica	(3 — 1 —)	1 —
Brod	(8 —)	1 —
Tomina	(2 —)	1 —
Stolac	(1 —)	3 —
Gradacac	(3 —)	1 —
Banjaluka	(1 —)	1 —
Varcar-Vakuf	(1 eau douce)	1 —
Frebinje	(1 —) (9-10°)	1 —

II. — *Urates et Oxalates*

Sarajevo (7 eaux potables dures, 2 douces) . . . . 1 cas

III. — *Oxalates et Phosphates*

Sarajevo (7 eaux dures, 2 eaux douces) . . . . 1 cas

IV. — *Phosphates*

Stolac	(1 en eau potable dure)	1 cas
Iajce	(6 —)	2 —
Cazin	(3 —)	1 —

Nous voyons dans ce petit tableau que les 4 cas de pierre phosphatique observés proviennent de localités où les recherches ont démontré que l'eau potable était dure ; mais les 22 autres cas de pierre qui ne sont pas composées de phosphates proviennent presque tous d'endroits où l'eau potable est également dure.

Le point de vue de Stamm ne se trouve ainsi pas confirmé par nos observations.

Pour résumer le résultat de nos recherches sur la propagation de la lithiase dans le pays, voici ce que nous pouvons établir :

La lithiase reste de préférence confinée dans une certaine partie du pays qui représente une bande traversant transversa-

lement le pays et qui suit la haute chaîne la plus orientale des Alpes dinariques dont la plus grande partie est constituée par du calcaire triasique.

En d'autres termes, cette observation démontre qu'il existe dans les limites territoriales de la Bosnie et de l'Herzégovine une zone de propagation de la lithiase. Une zone de la lithiase qui correspondant à une formation géologique spéciale du sol, consistant essentiellement en calcaire triasique. Cette formation géologique détermine aussi la qualité de l'eau potable, qualité dont j'ai essayé de déterminer les rapports[1] avec la fréquence de la lithiase.

AGE

L'influence de l'*âge* sur la formation de la pierre *vésicale* est connue de chacun d'ancienne date et l'on peut distinguer deux groupes d'âge dans lesquels la lithiase apparaît d'une façon prédominante : l'enfance et le début de la vieillesse.

L'apparition de la maladie dans l'enfance est en général en connexion avec les infarctus d'acide urique des nouveau-nés et certains auteurs admettent que jusqu'à la trentième année de la vie, on peut reporter l'apparition de la lithiase à l'enfance. On peut, en effet, dans beaucoup de cas, aux premières douleurs occasionnées par une pierre, faire remonter le début de la maladie à plusieurs années en arrière.

Il semble, d'après les différentes statistiques opératoires, que la lithiase est en général plus fréquente dans l'enfance, néanmoins les auteurs ne sont pas arrivés à des résultats identiques.

Hirsch rapporte, par exemple, que sur 435 opérations de la pierre exécutées dans les Indes, le 65,3 °/₀ concernaient des enfants ; Thompson, par contre, dans ses 798 cas privés, ne compte que 3 enfants. Civiale a calculé que sur 5.376 cas, le 55-56 °/₀ des malades étaient âgés de moins de vingt ans.

Si nous maintenons que l'infarctus des nouveau-nés formé par

[1] Cette matière a fait le sujet d'une conférence tenue au IIe Congrès des Balnéologues autrichiens à Ilidze.

l'acide urique est un critère étiologique pour la formation de la pierre vésicale dans les premières années de la vie, nous en avons la confirmation dans le fait que les concrétions survenant à cet âge sont presque complètement formées d'urates. Par contre, nous devons chercher d'autres causes à l'apparition fréquente des pierres phosphatiques qui surviennent à un âge plus avancé.

Il faut chercher ces causes en grande partie dans les altérations pathologiques de l'appareil urinaire auxquelles la vieillesse est fréquemment sujette. Mais cette théorie n'explique pas les causes des nombreux cas concernant des patients d'âge moyen.

Kukula conclut de ses observations que la lithiase est beaucoup plus fréquente dans la vieillesse que dans l'enfance; il n'emploie pas dans la comparaison de ses cas les chiffres absolus de ses observations, mais les chiffres relatifs, en admettant que la proportion des vieillards et des enfants vivants est de 1 à 2,45 °/₀.

En somme, il n'y a pas de doute que la maladie de la pierre prédomine dans l'enfance; cette remarque s'impose particulièrement là où l'on peut parler d'apparition endémique de la maladie. Il est important de toujours avoir devant les yeux les rapports qui existent entre l'âge du malade et la maladie de la pierre vésicale, lorsqu'on veut étudier l'influence de la manière de vivre des personnes sur l'apparition de la lithiase.

La formation des calculs d'urates survient, pour la plupart des cas, chez les enfants de la population pauvre, tandis que nous sommes enclins à admettre que le genre de vie abondant des personnes âgées contribue à la formation des concrétions urinaires; or, c'est précisément dans l'âge mûr que prédomine l'apparition des pierres phosphatiques, d'après laquelle ce fait n'est guère de nature à confirmer l'opinion qu'une nourriture riche en albumine favoriserait la formation des pierres d'urate.

Le tableau suivant offre un aperçu des observations que j'ai faites, concernant l'âge des malades :

Depuis 8 mois jusqu'à 4 ans inclusivement.	40 cas.
— 5 ans — 9 — —	34 —
— 10 — — 14 — —	44 —
— 15 — — 19 — —	25 —
A reporter.	143 cas.

			Report.	143 cas.
Depuis 20 ans	jusqu'à 29	ans inclusivement	. . . . . .	10 —
— 30 —	— 39 —	—	. . . . . .	7 —
— 40 —	— 49 —	—	. . . . . .	6 —
— 50 —	— 59 —	—	. . . . . .	7 —
— 60 —	— 69 —	—	. . . . . .	1 —
— 70 —	— 90 —	—	. . . . . .	2 —
			Total.	176 cas.

Le plus jeune de mes malades avait huit mois, le plus âgé quatre vingt-un ans.

Il résulte de ce tableau, que le plus grand nombre des cas de lithiase atteint des gens âgés de moins de vingt ans : à partir de cet âge, le nombre diminue rapidement ; si les personnes âgées ne sont pas complètement épargnées par la maladie, le nombre de celles qui en sont atteinte est relativement restreint.

SEXE

Il est un fait connu que la pierre vésicale est très rarement observée chez les femmes ; mes observations confirment le fait.

La chose s'explique aisément, si l'on envisage l'état anatomique de l'urètre féminin qui, grâce à son court trajet et à son diamètre plus large, permet facilement l'expulsion de petites concrétions.

Hirsch évalue à 4,5 °/₀ au maximum la participation du sexe féminin à la lithiase.

Si l'on déduisait de ce chiffre les cas fréquents d'introduction de corps étrangers dans l'urètre de la femme, par masturbation, la proportion s'en trouverait encore considérablement réduite. Sur 176 cas de lithiase, je n'en ai observé que 2 chez des femmes, c'est-à-dire le 1,2 °/₀.

LA RACE

Les races humaines semblent être sujettes à la lithiase à des degrés différents ; cependant, sur ce point, les manières de voir des auteurs ne sont pas concordantes.

Rayer a trouvé qu'en Égypte, les Arabes sont plus fréquemment atteints des maladies de la pierre *vésicale* que les nègres; la maladie semble être la plus fréquente chez les Hindous et la plus rare chez les Juifs; ainsi Kukula a remarqué qu'en Bohême la lithiase apparaît rarement chez les Juifs.

Dans la partie orientale des Indes, Reelan a trouvé la lithiase assez fréquente dans la population mahométane et il remarque que dans cette partie de la population, dont les prescriptions rituelles exigent que l'évacuation de l'urine se fasse dans une position accroupie, l'évacuation complète de la vessie est empêchée dès la jeunesse. Je ne considère pas cette opinion comme bien sérieuse, car dans la position accroupie, la pression abdominale favorise l'évacuation de l'urine.

L'hérédité joue aussi un certain rôle dans plusieurs cas. Ainsi on connaît une observation de Le Roy d'Étiolles où il cite six frères vivant dans différentes parties de l'Europe et tous atteints de la pierre vésicale.

Kukula communique l'observation suivante de Clublié : « Dans une famille, 6 enfants souffraient de la lithiase, le père et la mère de gravelle, le grand-père, la grand'mère, 6 oncles, 4 tantes et 1 cousin également de la gravelle, et ils subirent, pour guérir leur lithiase, des lithotomies ou des litholapaxies. »

L'hérédité des maladies de la pierre vésicale est citée aussi par d'autres auteurs, notamment par Thompson, Cantani, Civiale et d'autres.

Dans la population indigène de la Bosnie-Herzégovine, les mahométans forment environ le tiers du total. Sur les 176 cas de lithiase, 43 ont été observés chez des mahométans, 84 chez des orthodoxes d'Orient et 45 chez des catholiques, 3 seulement chez des juifs espagnols.

Il semblerait donc que, à l'exception des Juifs, la lithiase se propage d'une façon égale dans toutes les confessions, mais ce n'est pourtant pas le cas.

Les diverses confessions ne sont pas réparties également dans le pays; presque partout prévaut l'une ou l'autre d'entre elles. Si nous considérons le chiffre de la population des districts atteints par la maladie par rapport à la propagation de la lithiase, nous obtenons un résultat semblable ; mais ces chiffres sont également fallacieux.

Dans certains districts très peuplés, comme par exemple celui de Gradacac où l'on compte 56 habitants par kilomètre carré, il n'a été signalé qu'un seul cas; par contre, dans des districts faiblement peuplés, comme ceux de : Banjaluka (28 habitants par kilomètre carré), on a compté 27 cas; Kljuc (25 habitants par kilomètre carré), accuse 9 cas; Kotorvaros (22 habitants par kilomètre carré), 7 cas; Rogatica (17 habitants par kilomètre carré), 3 cas. Ces districts apportent donc un fort contingent au total des cas de lithiase et c'est justement dans ces districts que la proportion des diverses confessions varient d'une façon extraordinaire.

Il y aurait donc lieu de ne faire entrer en ligne de compte que la population des localités directement atteintes.

Remarquons d'ailleurs que, dans notre pays, les agglomérations de population sont rares et que les localités sont constituées pour la plupart, de fermes isolées, disséminées souvent sur une grande étendue de terrain. Chaque localité représente, par conséquent, un territoire d'une certaine étendue, dont les malades atteints de la lithiase ne dépassaient pas auparavant les frontières. Comme certaines localités sont composées de plusieurs sections, distantes les unes des autres de plusieurs kilomètres, nous avons, à défaut de données plus exactes, où pour d'autres motifs, on fait entrer en ligne de compte la commune intégrale, ce qui, à la vérité, augmente les chiffres absolus, mais rend d'autant plus plausible les chiffres relatifs.

En procédant de la sorte, il se trouve qu'en Bosnie-Herzégovine un groupe de 174.000 habitants avec 176 cas de lithiase, se compose de 90.000 mahométans, 53.000 orthodoxes et 51.000 catholiques.

Aussi, est-il surprenant que sur ces 176 cas de lithiase ou plutôt ces 171 cas (si nous décomptons 5 cas survenus juste à la frontiére du pays ou au delà de celle-ci), 43 seulement concernent des mahométans. Si nous examinons le foyer principal de la propagation de la lithiase dans le pays qui représente une zone de 134.000 habitants (67.000 mahométans, 44.000 orthodoxes et 23.000 catholiques), nous trouvons que sur les 149 cas observés dans cette partie du territoire, 34, seulement ont trait à des mahométans; dans ces 110 localités qui ont fourni les 149 cas de lithiase, les mahométans et les chrétiens vivent dans des conditions climatériques et hydrologiques absolument identiques. Il est donc hors de doute que la population mahométane est moins sujette à la lithiase. On objectera peut-être que la population musulmane demande moins souvent les secours médicaux; mais cette objection ne s'applique guère à la lithiase, car les mahométans savent aussi bien que les chrétiens qu'il n'y a que le traitement opératoire qui puisse les guérir de cette maladie; preuve en soit le fait déjà mentionné que, il y a peu d'années, les extracteurs de pierre et les rebouteurs exerçaient leur profession dans le pays.

La proportion entre le nombre des orthodoxes orientaux et des catholiques habitant la zone de propagation de la lithiase est à peu près égal.

Sur les 6.000 juifs espagnols vivant dans le pays, 3 cas de lithiase seulement ont été observés, dont 1 homme âgé, atteint d'une pierre de phosphate, chez lequel j'ai pratiqué une lithotripsie.

Des 70.000 immigrés (de l'Europe centrale) qui sont domiciliés dans le pays depuis dix à vingt ans à peu près, 4 enfants seulement ont été atteints par la lithiase.

Si nous voulons chercher maintenant une explication pour les variations de fréquence de la lithiase chez les adhérents des différentes confessions, nous devons tout d'abord considérer les rapports entre les races.

Il semble résulter de ce que nous venons de dire que, la population chrétienne de Bosnie est plus sujette à la lithiase que la population mahométane ;

Le fait n'est pas aisément expliquable, attendu que les adhérents des différentes confessions appartiennent tous à la même race.

Il est vrai que les chrétiens orthodoxes du rite oriental conservent les particularités le plus intacts de leurs races, tandis que durant les quatre cents années de la domination turque, les Musulmans ont subi bien des croisements. Ainsi, par exemple à Sarajevo, on trouve beaucoup de sang albanais etc. Les catholiques ont aussi maintenu leur race assez pure, mais leurs conditions d'existence étaient auparavant si misérables que leur constitution physique est aujourd'hui la plus chétive.

D'après Weissbach, la population du pays se compose dans sa presque totalité de Slaves méridionaux; elle comprend en outre des juifs espagnols en assez grand nombre, des Ziganes et quelques Albanais. On peut faire abstraction de ces éléments peu considérables et se borner à envisager les Slaves méridionaux; ces derniers, par suite de circonstances historiques, se repartissent sur trois confessions religieuses.

Ils sont : Mahométans, orthodoxes du rite grec ou catholiques.

On peut admettre que les mahométans qui habitent le pays ont subi, durant les quatre cents années de la domination turque, toutes sortes de croisements avec d'autres races musulmanes ; on peut en dire autant des catholiques en minorité tandis qu'au contraire les Grecs d'Orient représentent l'élément relativement le plus pur de la population, encore qu'ils aient été parfois renforcés par des immigrations de Serbes et de Monténégrins appartenant à la même race.

Dans le sud et l'ouest, la race des hommes se distingue par une taille plus élevée que dans le nord et l'ouest; par contre, les trois confessions ne se différentient quant à la taille, ni en général, ni dans les différents districts.

Les cheveux clairs se rencontrent le plus fréquemment chez les Grecs orientaux ; ils sont moins fréquents que chez les musulmans et le plus rarement chez les catholiques; les cheveux foncés sont les plus fréquents chez les mahométans, viennent en second lieu les Grecs orientaux, et en dernier lieu les catholiques.

C'est parmi les mahométans, dans la plupart des districts et chez les catholiques dans ceux de Mostar et de Tuzla, qu'on voit le plus d'yeux clairs, tandis que dans tout le territoire, les yeux foncés se rencontrent principalement et chez les Grecs orientaux.

Dans les trois districts, situés au sud, ceux de Mostar, Sarajevo et Travnik, on voit dans toutes les confessions, beaucoup plus d'hommes avec la peau plus blanche que jaunâtre, en tous cas plus foncée, tandis que les trois districts du nord, de Bihac, de Banjaluka et de Tuzla, présentent le phénomène opposé. On y trouve généralement dans toutes les confessions que la peau blanche est étonnamment rare, même franchement plus rare que la peau brune. La peau jaunâtre est plus fréquente et la peau brunâtre l'est encore davantage, de sorte que l'on peut affirmer que c'est la peau foncée qui prédomine.

Le nombre des types croisés exprime le degré d'un mélange plus ou moins accentué avec d'autres races; les catholiques en possèdent le plus grand nombre, les mahométans un peu moins, et les Grecs orientaux encore moins, d'où l'on conclut que ce sont eux qui forment l'élément le plus pur de la population.

La totalité des types croisés est inférieure, dans la plus grande partie du pays à celles des types purs (45-48 % — 54-52 %); ce n'est que dans les districts de Banjaluka et de Tuzla que les types croisés prévalent.

Chez les mahométans, on trouve plus de types croisés que de types purs; il y a parmi eux une quantité notable d'individus, à la peau blanche et aux yeux clairs, et enfin un assez grand nombre de types non brachycéphales. Chez les catholiques également le type pur est plus rare que le type croisé, on y voit beaucoup d'individus aux cheveux bruns-clairs et aux yeux clairs, tandis que chez les orthodoxes les types purs sont en majorité; la couleur des cheveux et des yeux est foncée; les couleurs claires sont rares. Il est assurément permis d'en conclure que les orthodoxes présentent l'élément le moins mélangé, le plus pur de notre population; les mahométans au contraire, sont la race la plus mélangée et quant, aux catholiques, ils occupent une place intermédiaire.

Et comme à ce point de vue également nous ne pouvons parler des cas de lithiase que par rapport à la zone d'intensisé, il y a lieu de relever le fait que précisément dans cette partie centrale de la Bosnie, la manière de vivre des adeptes des 3 confessions est absolument semblable.

Le paysan mahométan ne se différentie presque pas du paysan chrétien. Quant à l'influence de l'alcool sur les chrétiens il ne saurait en être question, ce facteur, en effet, ne pourrait entrer en ligne de compte que dans les districts aisés de la frontière, il n'en est rien. Les habitants du centre sont pour la plupart des hommes simples et de peu de besoins qui sont attachés à leur terre et qui, s'ils ont jadis pris part à des guerres sont toujours revenus à leur ancienne demeure.

On ne saurait non plus signaler des différences de quelque importance entre la ville et la campagne, les conditions hygiéniques étant partout à peu près identiques.

CLIMAT

Le fait que la lithiase est repandue sur presque toutes les zones du globe terrestre démontre qu'on ne peut plus attribuer une influence particulière au climat et spécialement au climat humide et froid, comme on l'avait fait auparavant, notamment pour l'Angleterre.

Ainsi Plowright croyait à une urrélation entre la propagation de la lithiase en Angleterre et l'humidité de l'atmosphère.

Güterbock est enclin à rapporter l'apparition endémique de la lithiase, par exemple dans certains districts du gouvernement de Kazan en Russie, ainsi que dans quelques provinces des Indes aux influences climatérique et atmosphériques. Cette opinion est réputée par le fait que dans certains petits territoires, la lithiase apparaît d'une façon endémique, alors que dans des contrées avoisinantes, où les conditions climatériques sont les mêmes, la maladie fait complètement défaut.

Le climat en Bosnie accuse de grands contrastes sur l'espace relativement restreint de 2° de latitude.

L'hiver en Bosnie est très rigoureux, et ressemble à celui de l'intérieur de la presqu'île de Balkans ; le printemps est semblable à celui de Vienne ; l'été, demême, tandis qu'en automne il se manifeste une élévation de température en rapport avec la situation méridional du pays. En été, on remarque de grandes oscillations journalières dans la température.

L'Herzégovine, d'altitude moins élevée, possède sous l'influence de la chaleur des côtes de l'Adriatique, des conditions de température subtropicales.

Mes observations ne m'ont, à la vérité, fourni que 14 cas provenant de l'Herzégovine dont le climat diffère essentiellement de celui de la Bosnie.

Mais je crois que ce chiffre minime doit être attribué à des causes autres que le climat.

GENRE DE VIE

L'influence des conditions hygiéniques ce manifeste peut-être en ceci que, chez les enfants, la lithiase est bien plus fréquente voire même presque exclusivement observée dans la population pauvre, tandis que chez les personnes d'un âge avancé se sont les malades appartenant à la population aisée qui prédominent.

Dans certaines régions, les pierres d'urates sont beaucoup plus fréquentes que celles d'oxalates ; il se pourrait que cette différence provînt du genre de nourriture.

Ainsi Heyfelder admet que, dans la principauté de Sigmaringen, s'il y a beaucoup de pierres d'oxalates, c'est parce que les habitants mangent beaucoup de légumineuses.

Rey croit que, chez les indigènes de Bombay, la formation des pierres vésicales, consistant en grande partie en oxalates de chaux provient de leur nourriture qui se compose principalement de riz.

D'après Crisp, ce serait la consommation de boulettes de farine qui occasionneraient l'apparition de la lithiase à Norfolk.

Reelan attache à l'eau sale de l'Indus, consommée par les habitants, une importance étiologique pour la fréquence de la lithiase dans la vallée de l'Indus.

D'après Coulson, la lithiase se présente aussi souvent chez les végétariens que chez les carnivores.

C'est ainsi que certains comestibles et certaines boissons sont réputés être des causes de la lithiase.

Gross, a démontré par exemple pour une partie des États du sud de l'Amérique du Nord, dans laquelle on fait une consommation excessive de mets sucrés. Chez les enfants, l'alimentation actée insuffisante dans les premières années de la vie expliquerait, d'après Cadge, l'apparition endémique de la maladie de la pierre.

Toutes ces opinions me paraissent dénuées de valeur, même au point de vue théorique.

L'influence des boissons alcooliques est affirmée par les uns, contestée par les autres.

Begetow attribue l'apparition fréquente de la lithiase dans le centre et l'est de la Russie à la consommation excessive par la population pauvre de la boisson nationale, le kvas.

Denis Dumont a rencontré très rarement la lithiase en Normandie ; il attribue cela au fait que la population ne boit presque pas de vin, le cidre étant la boisson nationale universellement répandue ; Dumont attribue l'immunité de la population normale aux propriétés diurétiques et peut-être même litholitiques du cidre de pommes.

L'influence expérimentale de la sécrétion de l'acide urique est établie par les essais physiologiques, mais la cause particulière de l'*Arthritis urica*, est tout aussi peu connue par la connexion qui existe entre la diathèse urique et la formation de la pierre.

Si nous considérons les conditions d'existence du peuple bosniaque, nous croyons que, même dans les couches les plus basses et les plus pauvres de la population, les mahométans ont jusqu'à présent toujours été plus favorisés par le sort que les chrétiens. Le paysan mahométan a été rarement serf (Kmet), presque toujours il était libre. Dans le même village, c'est toujours aux mahométans qu'appartenaient les plus belles demeures, les meilleures prairies, prés et les meilleurs champs et aux chrétiens les plus mauvais. Ses conditions d'existence et sa nourriture étaient incontestablement meilleure que celle des chrétiens. La nourriture de ces derniers est d'ailleurs rendue tout à fait insuffisante par le nombre considérable des jours de jeûne qu'une religion rigoureuse leur fait observer. Ces jeûnes répétés ont eu pour effet l'anémie à laquelle ce peuple, pourtant si vigoureux et endurant, est très sujet.

Le nombre des jours de jeûne des chrétiens est de 200 par année (le chiffre varie ensuite des fêtes mobiles). Ils ont cinq grandes époques de jeûne, dont la plus longue dure 49 jours consécutifs, la plus courte 8 jours et forment ensemble un total d'environ 150 jours. Il y a en outre 50-60 jours de jeûne répartis sur certains jours de la semaine. Les mets admis en temps de jeûne sont purement végétariens ; le fromage, les œufs, le lait sont strictement prohibés. On consomme particulièrement de la farine de maïs bouillie ou rôtie, des fruits secs ou frais, des légumes mêmes, des compotes de pruneaux et de la bouillie de froment ou de grains d'orge. Souvent les repas se composent des jours et des semaines durant, d'oignons crus, d'eau et de pain, ou bien d'huile et de pein.

Les citadins plus aisés mangent aussi du poisson, mais seulement à titre exceptionnel, à de certains jours de jeûne. Lorsqu'on aperçoit la population en grande masse après un temps prolongé de jeûne, par exemple dans une procession, on est frappé par ces visages décolorés et blafards et par la tenue affaissée de ces hommes à haute et belle stature. C'est, du reste, un fait constaté que la mortalité est énorme pendant et après les grandes époques de jeûne.

On a bien dit que si le chrétien bosniaque jeûne si souvent, c'est à seule fin de ne pas s'apercevoir du peu de nourriture dont il dispose. Et de fait, il vit toute l'année durant presque comme un végétarien.

Ses repas se composent principalement de farine de maïs, de fromage et de lait. La viande est séchée ou fumée seulement en hiver et il n'en mange que depuis Noël, aux jeûnes de Pâques, soit durant quelques semaines, et pendant le reste de l'année seulement aux jours de grande fête.

Le mahométan, lui, ne connaît pas de jeûnes pareils ; il est vrai que pendant le mois de Ramazan, il s'abstient pendant trente jours rigoureusement de manger et de boire pendant la journée, mais il le fait abondamment pendant la nuit ; sa nourriture est d'ailleurs en général bien plus réconfortante que celle du chrétien.

Quant à la fréquence de la lithiase dans l'enfance, il arrive ce qui advient dans d'autres pays, c'est-à dire qu'elle prédomine dans la population pauvre.

CONNEXION AVEC D'AUTRES MALADIES

Corps étrangers.

Quant aux maladies qui pourraient présenter des conditions étiologiques, abstraction faite de celles de l'appareil urinaire que nous traiterons à la fin de l'exposé des causes locales de la lithiase, citons en premier lieu les maladies de l'intestin et la goutte, puis la maladie des distomes et les corps étrangers.

La leucémie, à cause de l'augmentation de la formation d'acide urique et les affections nerveuses qu'on y observe, affections qui peuvent amener une paralysie vésicale, est réputée avoir des rapports de cause à effet avec la lithiase.

Les maladies de l'intestin, particulièrement les catarrhes chroniques, peuvent être une cause de lithiase chez les enfants, lorsque, par le fait de la diminution de la sécrétion d'urine, celle-ci devient plus abondante en urates et lorsque l'urine, devenue plus concentrée et plus rare, perd la faculté d'évacuer les enfants congénitaux d'acide urique.

Il se pourrait aussi que, dans les maladies intestinales de longue durée et dans les maladies du foie qui les accompagnent, l'action destructive du foie sur l'acide lactique fut entravée, ce qui amènerait comme conséquence l'apparition, dans l'urine, d'acide lactique et la sécrétion d'acide urique.

Comme le noyau, la partie principale de la plupart des pierres vésicales (le 80 °/₀ environ d'après Kukula) est composé d'urates, il est naturel de rechercher les rapports qui peuvent bien exister entre la formation des pierres vésicales et la diathèse de l'*Arthritis urica* causée par l'acide urique, sans que nous cherchions à expliquer pourquoi, dans certains cas, il y a arthrose urique sans formation de pierres, et vice-versa.

Certains auteurs ont observé chez le même individu, et d'une façon réitérée, la maladie de la pierre vésicale et la goutte, ou bien chez des membres de la même famille, la goutte et la maladie de la pierre alternant l'une avec l'autre. Mais les observations proviennent d'Angleterre, où la goutte est très répandue.

Par contre, nous connaissons plusieurs autres où la maladie de la pierre a fait son apparition, aussi bien sous les tropiques que dans les zones tempérées, et où la goutte n'est jamais ou rarement observée.

Chez les enfants, en Bosnie, les maladies intestinales sont fréquemment la suite d'une alimentation peu rationnelle, mais je ne crois pas que les maladies intestinales y soient beaucoup plus fréquentes que dans les autres pays où la mortalité infantile provient en grande partie de maladies de l'intestin. Je n'ai pas encore observé un seul cas de goutte dans le pays; j'ai interrogé à ce sujet les médecins pratiquant depuis de longues années dans le pays, et leurs réponses sont aussi négatives.

Quant aux corps étrangers, qui sont très fréquemment la cause de la maladie de la pierre, je n'ai jamais pu en découvrir un seul; à moins cependant que, dans les quelques cas où l'on a pratiqué la lithotripsie, on ait omis de constater dans les débris de la pierre des corps étrangers mous et de petite taille, dans l'examen des débris de la pierre.

La pierre vésicale formait déjà chez les médecins les plus anciens le fond essentiel de leurs connaissances des maladies des voies urinaires et, aujourd'hui encore, les rebouteurs de Bosnie distinguent la maladie de la pierre et la Mojasin (ils comprennent sous le terme de Mojasin toutes les autres maladies des organes urinaires). Quant aux causes externes de la lithiase, nous sommes réduits en grande partie à les rechercher dans les statistiques avec leurs conclusions plus ou moins vraisemblables, mais jamais parfaitement sûres.

Si nous examinons maintenant brièvement les conditions qui favorisent la formation de la pierre vésicale dans l'organisme humain, je laisserai de côté le chapitre encore si obscur de la diathèse, dont la diathèse urique seule a fait l'objet d'une étude scientifique approfondie.

Le point le plus intéressant consiste dans les infarctus des tubes urinifères causés par l'acide urique chez les nouveau-nés; il y a sûrement une corrélation entre ces infarctus et la destruction des cellules, telle qu'elle est provoquée par les modifications qui surviennent dans le corps du petit enfant peu de temps avant et après la naissance.

L'infarctus des tubes urinifères causé par l'acide urique est évacué par le courant de l'urine chez les enfants sains et vigoureux; tandis que, chez les enfants chétifs, particulièrement chez ceux qui souffrent de catarrhe intestinal accompagné d'une grande élimination d'urine, l'infarctus causé par l'acide urique reste dans les voies urinaires et peut devenir le point de départ de la formation d'une pierre vésicale.

D'après Horbaczewski, les soi-disant « Alloxur Körper » (bases d'acide urique et de xanthine) sont des dérivés de la nucléine et ils se forment lorsque la destruction d'un tissu riche en nucléine est augmentée, ce qui est le cas dans certains processus pathologiques.

Ce phénomène se produit dans l'augmentation de la sécrétion des urates ainsi que, pour l'urine alcaline, dans l'augmentation de la sécrétion des phosphates.

Outre la formation du sédiment, il faut, pour donner naissance à une concrétion, un lien (ciment) de nature organique, que ce soit sous la forme d'un caillot sanguin, d'un auras de mucus, de pus, d'une particule de tumeur ou d'un corps étranger.

Cela nous conduirait trop loin d'examiner ici de plus près les différentes théories qui s'occupent d'un catarrhe primaire, comme cause de la formation de la pierre ; citons peut-être le point de vue très intéressant d'Ulzmann : d'après cet auteur, les cristaux pointus de l'acide urique sécrétés en plus grande quantité, exercent une irritation sur la muqueuse des voies urinaires, et produisent un catarrhe avec sécrétion de mucosités ; cela occasionne ainsi une sorte de « cercle vicieux » qui développe entre les éléments du sédiment la substance intermédiaire; le lien de la concrétion.

Les résultats de l'examen chimique de ma collection de pierres vésicales seront communiqués avec l'exposition des reproductions de celles-ci.

Quant à mes expériences cliniques, elles font l'objet d'un rapport spécial.

OUVRAGES CONSULTÉS

Senator : Die Erkrankungen der Nieren, I Theil, II Abtheilung, 2 Heft (spezielle Pathologie und Therapie von Nothnagel), 1896, Wien, Alfred Hölder.

Sendtner : Wasserversorgung, etc., Handbuch der Hygiene Theodor Weyl, in Berlin, 1856, édition da Gustave Fischer.

Zuckerkandl : Die localen Erkrankungen der Harnblase (spezielle Pathologie und Therapie von Nothnagel 1899), Wien, Alfred Hölder.

Hirsch : Handbuch der Historich-geographischen. Pathologie. II. Aufrage. II. Obtheilung Stuttgart, édition de Ferdinand Euke, 1886.

Mojsisovics, etc : Gründlinien der Geologie von Bosnien und der Herzegoviner-Wien, 1880, Alfred Hölder.

Luhtje : Ueber Bleigicht über den Einflüss der Bleiintoxication auf die Harnsäureauscheidung Zeitschrift für Klin. Medizin, 1856, XXIX, p. 266.

Güterbock : Die chirurgischen Krankheiten der Harnorgane. 1858 Franz Deuticke. Wien et Leipzig.

Assendelft : Zur Statistik des hohen Steinschnittes. Archiv für Klin. Chirurgie Band XXXVI.

Kukula : Ueber Lithiasis der Harnblate in Böhmen. Wien, édition Joseph Lafar, 1854. **Résultats principaux** : Le recensement en Bosnie et en Herzégovine du 22 avril 1855, réuni par le département de statistique du gouvernement et publié par le gouvernement de Bosnie et d'Herzégovine. Sarajevo, 1896.

Weisbach : Die Bosnier Mittheilungen der anthropologischen Gesellschaft in Wien, Band XXV.

Ballif : Äussere Bodenbeschaffenheit. Klimatische und hydrographische Verhältnisse : Lieferung 337 von : Die œsterreichische Monarchie in Wort und Bild Band Bosnien und die Herzegovina.

E, Ludwig : Die Mineralquellen Bosniens. Wiener Klin. Wochenschrift, 1889.

BIBLIOTHÈQUE ... B.F. IMPRIMÉS

Paris. — L. Maretheux, imprimeur, 1, rue Cassette.

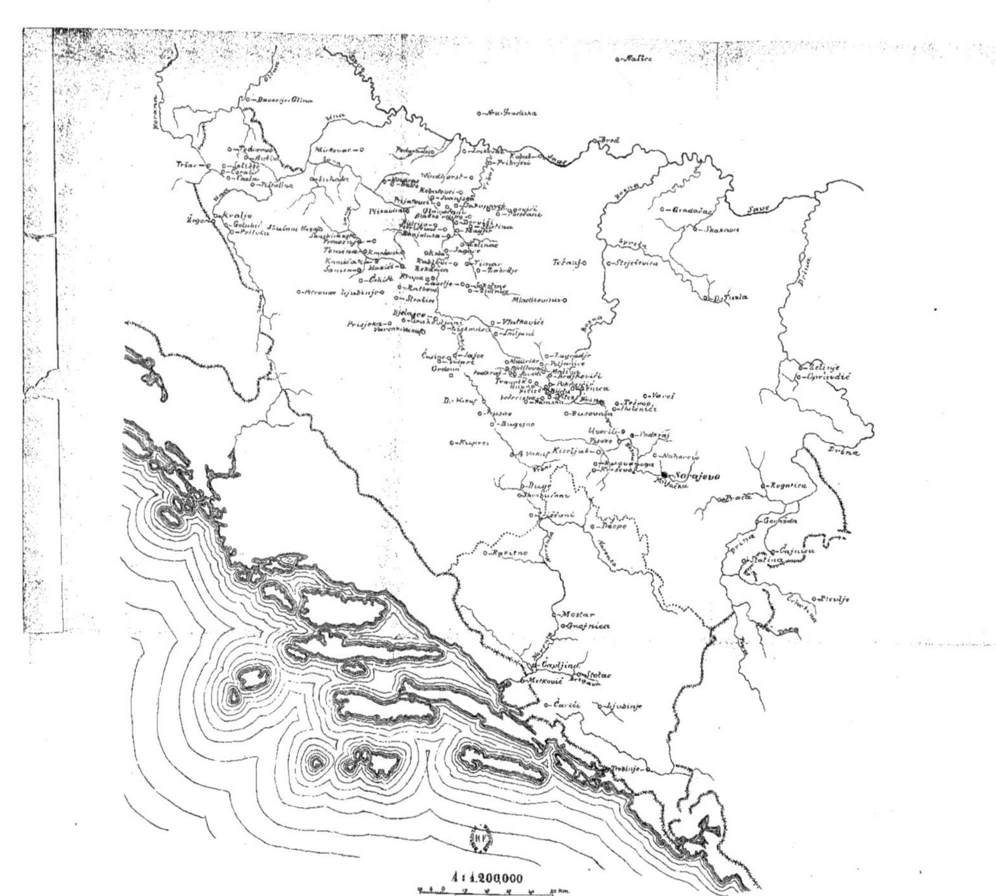
Sarajevo
Mostar
Gnojnica
Čapljina
Stolac
Metković
Trebinje
Ljubinje
Brod
Gradačac
Skakava
Tešanj
Vareš
Busovača
Kiseljak
Rogatica
Goražda
Čajnica
Pljevlje
Rakitno
Kupres
Bugojno
1 : 1.200,000

www.ingramcontent.com/pod-product-compliance
Ingram Content Group UK Ltd.
Pitfield, Milton Keynes, MK11 3LW, UK
UKHW020413220726
13923UKWH00004B/1920

9 782019 649371